BEI GRIN MACHT SICH IHR WISSEN BEZAHLT

Sven-David Müller

Alles über Spirulina platensis

GRIN Verlag

Bibliografische Information der Deutschen Nationalbibliothek:

Die Deutsche Bibliothek verzeichnet diese Publikation in der Deutschen National-
bibliografie; detaillierte bibliografische Daten sind im Internet über http://dnb.d-
nb.de/ abrufbar.

Impressum:

Copyright © 2011 GRIN Verlag GmbH
Druck und Bindung: Books on Demand GmbH, Norderstedt Germany
ISBN: 978-3-656-03664-7

Dieses Buch bei GRIN:

http://www.grin.com/de/e-book/180945/alles-ueber-spirulina-platensis

GRIN - Your knowledge has value

Der GRIN Verlag publiziert seit 1998 wissenschaftliche Arbeiten von Studenten, Hochschullehrern und anderen Akademikern als eBook und gedrucktes Buch. Die Verlagswebsite www.grin.com ist die ideale Plattform zur Veröffentlichung von Hausarbeiten, Abschlussarbeiten, wissenschaftlichen Aufsätzen, Dissertationen und Fachbüchern.

Besuchen Sie uns im Internet:

http://www.grin.com/

http://www.facebook.com/grincom

http://www.twitter.com/grin_com

Gesundheitswert von Algen – ist Spirulina platensis wirklich so gesund – Spirulina aus ernährungsmedizinischer Sicht

von Sven-David Müller, M.Sc.

Was ist Spirulina platensis?

Spirulina platensis ist eine spiralförmige, blau-grüne Mikroalge und gehört zur Familie der Blaualgen. Spirulina platensis Mikroalgen sind Naturprodukte mit einer reichhaltigen Kombination von gesundheitsförderlichen Inhaltsstoffen (Nähr- und Wirkstoffen). Sie gehört zu den wertvollsten basischen Natursubstanzen unserer Zeit. Aufgrund dieser natürlichen, ausgewogenen Zusammensetzung der Vitalstoffe kann Spirulina platensis als gutes Nahrungsergänzungsmittel beschrieben werden. Sie wächst wild im Tschad-See in Afrika und vor der Austrocknung auch im Texcoco-See in Mexiko, in stark alkalischem Wasser (pH-Wert ca. 9-11). Durch die enthaltenen Inhaltsstoffe unterstützen sie das Immunsystem von Menschen, die körperlich geschwächt sind, zum Beispiel nach einer Operation oder überstandener Infektionskrankheit, und verkürzen somit die Rekonvaleszenzzeit. Auch für unterernährte Kinder und Personen, die ihr Immunsystem vor Infektionskrankheiten schützen wollen, sind Spirulina Mikroalgen durchaus sinnvoll. Es handelt sich hierbei um einen sehr guten Nährstofflieferanten, der in gebündelter Form viele wichtige Nähr- und Wirkstoffe liefert. Insgesamt ist Spirulina ein wertvoller Bestandteil einer gesundheitsförderlichen Lebens- und Ernährungsweise.

Anbau – Spirulina platensis ein Naturprodukt

Heute wird Spirulina platensis in speziellen Wasserfarmen in subtropischen Gebieten wie Taiwan, Indien oder auf Hawaii kultiviert. Diese Länder sind für die Kultivierung besonders geeignet, weil die klimatischen Verhältnisse optimal sind. Die Spirulina platensis Mikroalgen gedeihen in naturnahem, alkalischen Wasser bei subtropischem Klima. Besondere Qualitäts-Sicherung und Verbraucherschutz bieten zum einen das Biosiegel, welches rechtlich geschützt ist und durch ständige Kontrollen die Einhaltung der Richtlinien gewährleistet: „Wo Bio drauf steht ist auch Bio drin". Aber das BioSiegel bezieht sich auf die EG-Öko-VO unter die Spirulina nicht fällt, daher sind Naturland und BCS eher zur Qualitätsbewertung von Spirulina-Produkten geeignet. Der Anbau gemäß Naturland Richtlinien (14) oder dem Mikroalgenstandard von BCS Öko-Garantie GmbH Nürnberg (1) ist qualitativ hochwertig. Diese Zertifizierung gewährt dem Verbraucher eine geringst mögliche Belastung anderer Ökosysteme, keinen Einsatz von Kunstdünger oder leicht verfügbaren Stickstoffquellen, keine Verwendung von Herbiziden oder Pestiziden, natürliche Produktionsmethoden und den Ausschluss von genmanipulierten Organismen und deren Derivaten.

Wichtige Inhaltsstoffe

Spirulina platensis gehört zu den basischen Natursubstanzen. In konzentrierter Form stehen dem Körper viele wichtige Vitalstoffe zur Verfügung. Spirulina platensis besitzt im Gegensatz zu anderen Mikro- oder Makroalgen keine zellulosehaltige Zellwand, daher haben die Inhaltsstoffe eine hohe Bioverfügbarkeit. Spirulina platensis besitzt die Fähigkeit zur Photosynthese, wodurch sie ihre Inhaltsstoffe synthetisiert. Diese Fähigkeit wird eigentlich nur den Pflanzen zugeschrieben. Da Spirulina platensis auf Grund ihrer Zellstruktur (sie besitzt keinen Zellkern) nicht zu den Pflanzen zählt, bildet sie hier eine Ausnahme. Spirulina platensis sind **keine Meeresalgen** und haben somit einen besonders niedrigen Gehalt an Jod. Der Jodgehalt anderer Algenarten, wie zum Beispiel der von Meerwasser-Algen (beispielsweise Braun-Algen), ist hingegen bedenklich hoch und kann bei Menschen mit einer gesundheitlich vorbelasteten Schilddrüse zu einer Hyperthyreose und Kropfbildung führen. Spirulina platensis kann auch bei Hyperthyreose problemlos verzehrt werden. (2). Enthalten sind vollwertiges Eiweiß mit allen acht unentbehrlichen Aminosäuren (3). Insgesamt besteht Spirulina platensis bis zu 65 Prozent aus leicht verdaulichem Protein (4). Weiter sind in Spirulina platensis essenzielle Mineralstoffe wie Kalzium, Magnesium, Zink, Eisen sowie Chrom und Vitamine wie B_{12} Folsäure, Vitamin D und besonders reichhaltig Vitamin E enthalten. Außerdem kommen wichtige gesundheitsförderliche sekundäre Pflanzenstoffe und essenzielle Fettsäuren vor.

Aminosäuren in Spirulina platensis
Neben den acht unentbehrlichen enthält Spirulina platensis 10 weitere Aminosäuren. Aminosäuren sind als Grundbausteine des Eiweißes an allen Stoffwechselvorgängen des Körpers beteiligt. Weiterhin ist Eiweiß Bestandteil jedes Muskels. Die Verfügbarkeit der Proteine von Spirulina platensis liegt bei 85 bis 95 Prozent (5). Diese gute Verwertbarkeit ist besonders für Menschen mit Resorptionsstörungen wichtig, da so die Proteine aus Spirulina platensis besonders leicht aufgenommen werden können.

Mineralstoffe in Spirulina platensis
Mineralstoffe sind anorganische Substanzen, die sowohl in pflanzlichen, als auch in tierischen Lebensmitteln enthalten sind und vom menschlichen Organismus zum Aufbau körpereigener Substanzen, sowie zur Aufrechterhaltung des Gleichgewichtes im Organismus benötigt werden. Da Spirulina Mineralstoffe und Aminosäuren enthält, ist die Aufnahme der Mineralstoffe besonders gut, da bestimmte Aminosäuren, die in Spirulina enthalten sind, die Bioverfügbarkeit von Mineralstoffen deutlich erhöhen. Spirulina platensis ist besonders reich an den folgenden Mineralstoffen: Chrom erhöht die Wirkung des Insulins und reguliert die Blutfette. Eisen ist ein essenzieller Baustein bei der Bildung der roten Blutkörper und ist beteiligt am Sauerstofftransport. Kalzium ist das Haupt-strukturelement in Zähnen und Knochen und wichtig für die Nervenleitung. Magnesium wird für den Aufbau von Knochen und Zähnen benötigt. Weiter ist es am Energiestoffwechsel beteiligt. Zink ist am Zellwachstum sowie –differenzierung beteiligt und ein Antioxidans.

Vitamine in Spirulina platensis
Spirulina platensis ist ein guter Vitaminlieferant. Vitamine sind organische Substanzen, die für den menschlichen Organismus unentbehrlich sind. Unser Körper ist nicht oder nur unzureichend in der Lage, Vitamine selber herzustellen, und ist deshalb auf die Zufuhr durch Lebensmittel angewiesen. Vitamine lassen sich in wasser- und fettlösliche Vitamine unterteilen. Die in Spirulina platensis enthaltenen Vitamine B_{12} und Folsäure gehören zu der Gruppe der wasserlöslichen Vitamine, während Vitamin D und E zu den fettlöslichen Vitaminen gezählt werden. Da aber Spirulina kleinste Fettmengen enthält, ist eine zusätzliche Fettaufnahme nicht erforderlich, um eine optimale Resorption zu gewährleisten. Vitamin B_{12} ist besonders wichtig für die Nervenzellen, das Rückenmark und für das Gehirn, sowie für die Reifung der roten Blutkörperchen. Folsäure ist für die Entwicklung und das Wachstum des Fötus und die DNS und RNS Synthese wichtig. Vitamin D ist für die Knochendichte und das Zellwachstum sowie für die Zellentwicklung wichtig. Vitamin E ist ein wichtiges Antioxidans und Membranbestandteil.

Sekundäre Pflanzenstoffe in Spirulina platensis
Sekundäre Pflanzenstoffe sind von der Pflanze produzierte Farb-, Aroma- und Duftstoffe. Sie dienen als Wachstumsregulatoren und Abwehrstoffe gegen Schädlinge. Sekundäre Pflanzenstoffe wirken sich positiv auf den menschlichen Organismus aus, denn sie beugen Herz-Kreislauf- und Krebserkrankungen vor. Obwohl Spirulina platensis nicht zu den Pflanzen gezählt wird, besitzt sie doch einige dieser wertvollen Inhaltsstoffe. Beta-Carotin

gehört zur Familie der Carotinoide. Es ist die Vorstufe des Vitamin A und antioxidativ wirksam. Chlorophyll ist die Bezeichnung für das grüne Farbpigment (Blattgrün), das unter anderem in Algen und Pflanzen vorkommt. Diese stellen mit Hilfe von Chlorophyll aus der Lichtenergie der Sonne Wasser, Kohlenstoff und Kohlenhydrate (Stärke, Glucose) her. Spirulina platensis ist zusätzlich reich an dem sehr seltenen Phycocyanin, welches stark antioxidativ wirkt.

Essenzielle Fettsäuren in Spirulina platensis
Spirulina platensis liefert einige Fettsäuren, die vom menschlichen Körper nicht selbst gebildet werden können. Besonders erwähnt werden sollte die Gamma-Linolensäure, die ansonsten nur in sehr wenigen Quellen (z.B. Muttermilch oder Kaltwasserfischen) zu finden ist. Bei ihr handelt es sich um eine mehrfach ungesättigte Omega-6-Fettsäure, die als Vorstufe für Gewebshormone dient. Gewebshormone können entzündungshemmend oder antithrombotisch wirken.

Verdauung von Spirulina platensis
Die einzelnen Inhaltsstoffe lassen sich sehr leicht aus der Alge heraus lösen. Begründet liegt dies in der leicht aufzuschließenden Zellwand. Diese besteht nur aus Mucopolysacchariden und nicht aus Zellulose, die schwer für den menschlichen Organismus aufschließbar ist, und gewährleistet damit eine sanfte Aufnahme und Verdauung im menschlichen Körper. Damit wird der Körper nicht zusätzlich belastet, und keiner der wertvollen Inhaltsstoffe geht verloren. Somit kann Spirulina platensis auch von Menschen mit Verdauungsproblemen sehr gut vertragen werden.

Nahrungsergänzung aus ernährungsmedizinischer Sicht
Vitamin- und Mineralstoffmangel ist auch in der heutigen Zeit in unserer industrialisierten Gesellschaft von Bedeutung. Trotz der Jahreszeit unabhängigen Versorgung mit Lebensmitteln ist die Vitamin- und Mineralstoffversorgung nicht immer optimal, wie der Ernährungsbericht der DGE 2000 zeigt. Der Problemschwerpunkt hat sich jedoch im Laufe der Zeit verändert. Die Ursachen für Vitamin- und Mineralstoffmangel haben sich gewandelt. Die Lebensmittelauswahl ist heutzutage vielfältig und nicht von der Jahreszeit abhängig. Statt dessen sind vermehrt Erkrankungen, Medikamente und Stress sowie einseitige Ernährungsweisen für einen Mangel verantwortlich. Ausgeprägte Avitaminosen, wie zum Beispiel die Krankheit Skorbut bei Vitamin C Mangel, sind in ihrer Prävalenz stark rückläufig, beziehungsweise in den heutigen Industrienationen kaum mehr vorhanden. Stattdessen gibt es häufiger einen leichten Mangel, der durch unspezifische Symptome ein diagnostisches Problem darstellt. Denn auch ein leichter Mangel ist ein Problem, da eine nicht optimale Versorgung, auch wenn sie noch so gering ist, Auswirkungen auf den Menschen und seine Leistungsfähigkeit hat. Je nach Lebens- und Ernährungsgewohnheiten kann deshalb eine gezielte, individuelle Vitamin- und Mineralstoffergänzung ratsam sein, um dem Körper die benötigten Nährstoffe in ausreichender Menge zur Verfügung zu stellen. Zu beachten bleibt jedoch die Gefahr einer unkontrollierten Zufuhr, die sich aus der übermäßigen Einnahme von Vitamin-Präparaten im Bereich der fettlöslichen Vitamine ergeben kann (6). Diese Gefahr ist bei Spirulina nicht gegeben. Um eine Überdosierung mittels Spirulina zu erreichen, müssten davon weit über 100 Tabletten pro Tag eingenommen werden, was bei der empfohlenen Verzehrempfehlung praktisch kaum möglich ist. Ebenso treten keine Nebenwirkungen auf. Die Ursachen eines Mineralstoffmangels können in einer einseitigen Ernährungsweise oder durch Krankheit begründet sein. Hautveränderungen, Knochenentkalkung oder Herzrhythmusstörungen sind bekannte Symptome, die durch unzureichende Zufuhr an Mineralstoffen ausgelöst sein können. Zum Beispiel führt eine andauernde Unterversorgung mit dem Mineralstoff Kalzium in den meisten Fällen zu einer

Osteoporose (Knochenschwund). Eine Nahrungsergänzung in Form von Spirulina Mikroalgen enthält Kalzium, dass zusammen mit einer ausgewogenen Ernährung den Bedarf decken kann. Nach Auswertungen des Ernährungsberichtes 2000 für die mittlere tägliche Zufuhr an Vitaminen (in Prozent der Referenzwerte für die Nährstoffzufuhr) ergaben sich spezifische Ernährungsdefizite bei den markierten Vitaminen.

Vitamin	Alter der Personen (weibliche Personen)								
	4 bis unter 7 Jahre	7 - unter 10 Jahre	10 bis unter 13 Jahre	13 bis unter 15 Jahre	15 bis unter 19 Jahre	19 bis unter 25 Jahre	25 bis unter 51 Jahre	51 bis unter 65 Jahre	65 Jahre und älter
Vitamin A	115	107	106	103	126	139	148	191	174
Vitamin D	38	40	55	62	66	73	90	110	50
Vitamin E	105	100	91	86	97	89	94	110	116
Thiamin	91	81	86	94	112	107	120	133	125
Riboflavin	111	96	97	103	117	114	121	140	134
Niacin	167	155	161	164	206	201	230	270	256
Pantothensäure	73	65	71	67	71	69	74	87	83
Pyridoxin	184	153	114	97	121	115	128	152	145
Biotin	189-284	154-206	111-166	105-147	65-130	64-128	67-135	76-153	73-145
Folat	46	52	41	49	52	52	53	63	60
Vitamin B_{12}	202	178	187	139	158	157	171	203	190

Vitamin C	102	113	**96**	**98**	107	103	104	124	113

Vitamin	Alter der Personen (männliche Personen)								
	4 bis unter 7 Jahre	7 bis unter 10 Jahre	10 bis unter 13 Jahre	13 bis unter 15 Jahre	15 bis unter 19 Jahre	19 bis unter 25 Jahre	25 bis unter 51 Jahre	51 bis unter 65 Jahre	65 Jahre und älter
Vitamin A	129	113	115	104	116	142	138	166	163
Vitamin D	**46**	**42**	**58**	**74**	**83**	**85**	102	128	**69**
Vitamin E	116	**96**	**85**	**91**	**85**	**88**	**90**	113	124
Thiamin	110	**88**	**86**	**90**	102	106	113	142	147
Riboflavin	126	104	**95**	**97**	110	116	121	149	159
Niacin	199	175	157	159	175	198	219	277	300
Pantothensäure	**84**	**67**	**81**	**78**	**82**	**87**	**85**	100	**98**
Pyridoxin	220	159	133	114	102	117	118	141	143
Biotin	217-325	161-214	126-189	123-172	**75**-151	**78**-157	**76**-151	**86**-173	**86**-171
Folat	**53**	**54**	**47**	**55**	**57**	**63**	**59**	**70**	**68**

| Vitamin B_{12} | 232 | 200 | 215 | 172 | 188 | 216 | 215 | 257 | 247 |
| Vitamin C | 124 | 100 | 102 | 111 | 111 | 120 | 105 | 127 | 119 |

Der Versorgungsgrad mit Mineralstoffe für die mittlere tägliche Zufuhr an Vitaminen und Mineralstoffen in Prozent der Referenzwerte für die Nährstoffzufuhr ergab nach Auswertung des Ernährungsberichtes 2000 (7) Defizite bei den markierten Vitaminen und Mineralstoffen. Die Vitamin- und Mineralstoffversorgung in Deutschland ist nur suboptimal.

Mineralstoffe	Alter der Personen (weibliche Personen)								
	4 bis unter 7 Jahre	7 bis unter 10 Jahre	10 bis unter 13 Jahre	13 bis unter 15 Jahre	15 bis unter 19 Jahre	19 bis unter 25 Jahre	25 bis unter 51 Jahre	51 bis unter 65 Jahre	65 Jahre und älter
Natrium	446	431	394	462	506	494	520	567	510
Kalium	132	133	131	139	137	135	150	181	174
Kalzium	**86**	**68**	**59**	**64**	**65**	**78**	**80**	**89**	**81**
Magnesium	188	145	106	100	**92**	104	117	135	128
Eisen	106	**94**	**68**	**78**	**84**	**82**	**87**	153	147
Zink	125	**96**	106	123	135	130	139	158	148
Kupfer	142-	105-	114-	132-	136-	141-	155-	189-	181-

	285	158	171	199	205	212	232	283	272
Mangan	149-198	102-152	67-169	81-202	81-201	84-210	88-219	101-252	101-253
Phosphor	135	107	75	88	92	160	172	193	183
Jod	43	39	34	36	38	38	42	56	52
Fluorid	34	36	22	18	19	18	18	21	20

Mineralstoffe	Alter der Personen (männliche Personen)								
	4 bis unter 7 Jahre	7 bis unter 10 Jahre	10 bis unter 13 Jahre	13 bis unter 15 Jahre	15 bis unter 19 Jahre	19 bis unter 25 Jahre	25 bis unter 51 Jahre	51 bis unter 65 Jahre	65 Jahre und älter
Natrium	513	474	473	550	581	648	592	636	604
Kalium	159	142	149	160	151	166	165	199	194
Kalzium	94	71	68	74	79	95	85	94	93
Magnesium	220	158	131	117	92	98	113	130	126
Eisen	124	102	94	114	117	150	144	168	162

Zink	145	105	**94**	109	108	114	109	126	122
Kupfer	169-338	121-181	124-186	152-228	152-229	167-251	173-259	204-306	197-295
Mangan	172-229	122-183	**79**-196	**91**-227	**93**-233	**96**-239	**94**-235	110-276	106-266
Phosphor	153	115	**87**	103	108	200	193	221	218
Jod	**50**	**42**	**38**	**42**	**44**	**47**	**48**	**62**	**63**
Fluorid	**39**	**39**	**25**	**19**	**20**	**18**	**17**	**19**	**18**

Der Einsatz von Spirulina platensis Mikroalgen aus ernährungsmedizinischer Sicht ist für gesunde Menschen als sinnvolle Ergänzung im Rahmen eines gesunden Ernährungsverhaltens anzusehen. Die Richtlinie 2002/46/EG des europäischen Parlaments und des Rates vom 10. Juni 2002 zur Angleichung der Rechtsvorschriften über Nahrungsergänzungsmittel beschreibt den Nutzen von Supplementen wie Spirulina Mikroalgen. Im Sinne der Richtlinie Artikel zwei Absatz a) bezeichnet der Ausdruck Nahrungsergänzungsmittel: „... Lebensmittel, die dazu bestimmt sind, die normale Ernährung zu ergänzen und die aus Einfach- oder Mehrfachkonzentraten von Nährstoffen oder sonstigen Stoffen mit ernährungsspezifischer oder physiologischer Wirkung bestehen und in dosierter Form in den Verkehr gebracht werden..." (8). Spirulina Mikroalgen können als komplexes, natürliches Nahrungsergänzungs-mittel angesehen werden, da sie, ähnlich wie Gemüse- und Obstkonzentrate, keine chemisch synthetisierten Inhaltsstoffe enthalten. Um die Versorgungssituation mit essenziellen Nähr-und Wirkstoffen sicherzustellen und ernährungs-bedingte Mangelerscheinung einzudämmen, kann Spirulina platensis Mikroalge als Nahrungsergänzungsmittel eingesetzt werden. Die Referenzwerte über die tägliche Nährstoffzufuhr für gesunde Erwachsene (Belastungssituationen und Erkrankungen ausgenommen) im Alter zwischen 25 und 51 Jahren (10) und die in 100 und 5 Gramm Bio-Spirulina Mikroalgen nach Naturland Richtlinien kultivert enthaltenen Nährstoffe sind in folgender Tabelle gegenübergestellt:

Nährstoff	Ein heit	tägliche Zufuhr-empfehlung		100 g Bio Spirulina platensis Mikroalgen = 250 Tabletten	5 g Bio Spirulina platensis Mikroalgen = 12,5 Tabletten
		m	w		
Beta-Carotin	mg	2,0 – 4,0		106,0 mg	5,3 mg
Vitamin E	mg	14,0	12,0	19,5 mg	0,98 mg
Vitamin B1	mg	1,2	1,0	0,01 mg	n. n.
Vitamin B2	mg	1,4	1,2	0,05 mg	n. n.
Vitamin B6	mg	1,5	1,2	0,05 mg	n. n.
Vitamin B12	mg	3,0		27,4 µg	1,37 µg
Folat	mg	400,0		57,1 µg	2,86 µg
Niacin	mg	16,0	13,0	137,7 mg	6,89 mg
Pantothen-säure	mg	6,0		58,9 mg	2,95 mg
Calcium	mg	1000,0		1400,0 mg	,70 mg
Chlorid	mg	830,0		62,0 mg	3,1 mg
Chrom	mg	30,0 – 100,0		0,1 mg	n. n.
Eisen	mg	10,0	15,0	120,0 mg	6,0 mg
Fluorid	mg	3,8	3,1	4,5 mg	0,23 mg
Jod	mg	200,0		n. n.	
Kalium	mg	2000,0		1050 mg	52,5 mg
Kupfer	mg	1,0 – 1,5		0,25 mg	0,01 mg
Magnesium	mg	350,0	300,0	310,0 mg	15,5 mg
Mangan	mg	2,0 – 5,0		3,4 mg	0,17 mg
Molybdän	mg	50,0 – 100,0		0,02 mg	n. n.
Natrium	mg	550,0		230,0 mg	11,5 mg
Phosphor	mg	700,0		1050,0 mg	52,,5 mg

Selen	mg	30,0 – 70,0	n. n.	
Zink	mg	10,0 7,0	2,4 mg	0,12 mg

n.n. = nicht nachweisbar; m = männlich; w = weiblich

Studien zum Einsatz von Spirulina platensis
Die Nahrungsergänzung mit Spirulina platensis Mikroalgen kann auf verschiedene Erkrankungen eine positive Wirkung haben. So zeigt eine Studie an Personen, die an Alopezie, also Haarausfall leiden, eine Linderung der durch Stress und schädliche Umwelteinflüsse ausgelösten Symptome (10). Diese Studie wurde in einem ökologisch besonders belasteten Gebiet an zehn Kindern und zehn Erwachsenen aus Tschernobyl durchgeführt. Bei drei der zehn Kinder und sieben der zehn Erwachsenen ist der Haarausfall gestoppt und neuer Haarwuchs angeregt worden. Zusätzlich verbesserte sich der Immunstatus. Der immunkorrigierende Einfluss konnte auch bei weiteren Studien festgestellt werden (11). Diese Untersuchung an „Tschernobyl-Kindern", die permanent radioaktiven Strahlungsdosen ausgesetzt sind, ergab, dass es durch Einnahme von Spirulina platensis Mikroalgen als Nahrungsergänzung zu einer verbesserten Ausscheidung radioaktiver Substanzen und einem vielversprechenden Einfluss auf die Blut- und Immunparameter kam. Die Spirulina Mikroalgen zeichneten sich hierbei auch durch eine gute Verträglichkeit in Bezug auf den Magen- Darmtrakt aus. Untersuchungsergebnisse von Personen, die permanenten Bleibelastungen am Arbeitsplatz ausgesetzt sind, ergaben, dass die Mikroalge Spirulina platensis mit einem erhöhten Selengehalt eine erhebliche Steigerung des Wohlbefindens hervorrufen kann. Dabei konnte nach Einnahme von fünf Tabletten á 400 mg, 30 Minuten vor dem Essen über zwei Monate eine deutliche Verminderung des Bleigehalts im Blut und im Urin festgestellt werden (12). Damit ließ sich die ausleitende und prophylaktische Wirkung der Mikroalge Spirulina platensis in Bezug auf eine Schwermetallbelastung mit Blei nachweisen.

Spirulina platensis und Diabetes mellitus
Während der Wachstumsphase nimmt Spirulina platensis wichtige essenzielle Wirkstoffe, wie Selen, Zink oder Chrom auf und das macht Spirulina noch wertvoller für eine gesunde Ernährungsweise. Besonders eine natürliche Anreicherung mit dem essenziellen Spurenelement Chrom ist von großer Wichtigkeit. Dieses spielt besonders bei Diabetikern eine interessante Rolle. Diabetes mellitus ist eine Stoffwechseldrüsen- (hier die Bauchspeicheldrüse) Erkrankung, die durch einen absoluten oder relativen Insulinmangel mit einer chronischen Überzuckerung des Blutes gekennzeichnet ist. Laut WHO (World Health Organisation) leiden 135 Millionen Menschen auf der Welt an Diabetes mellitus. Eine ausreichende Versorgung mit Mikronährstoffen ist besonders für Diabetiker wichtig, da durch den gestörten Kohlenhydratstoffwechsel bestimmte Stoffe nicht mehr aufgenommen werden können oder vermehrt ausgeschieden werden. Von besonderer Bedeutung für Diabetiker, insbesondere in der Prävention und Therapie eines Typ-2-Diabetes, ist das Spurenelement Chrom. Es ist aktiver Bestandteil des Glucosetoleranzfaktors (GFT). Der GFT steuert die Bindung von Insulin an den spezifischen Insulin-Rezeptor der Zellmembran. Dadurch verbessert sich die Insulinwirkung und die Glucoseverwertung ist optimiert. Doch gerade dieses Spurenelement ist bei Patienten mit Diabetes oder dem Metabolischem Syndrom nur ungenügend vorhanden, da im Rahmen der Glukosurie verstärkt Chrom ausgeschieden wird. Deshalb ist es besonders wichtig, die natürliche Chromzufuhr durch eine gesunde, vollwertige Ernährung bei Personen mit einem gestörten Kohlenhydratstoffwechsel zu erhöhen. Einem Anbieter ist es gelungen, eine Spirulina-Alge mit besonders viel Chrom zu züchten. Die Alge ist in der Lage, aus einem chromhaltigen Nährwasser verstärkt dieses Spurenelement aufzunehmen und im natürlichen Verbund mit vielen anderen Vitalstoffen zu speichern. Damit steht dreiwertiges Chrom erstmals in standardisierter Menge in der natürlichen Form

eines Lebensmittels zur Verfügung. Das macht Chrom-Spirulina besonders leicht verdaulich und gut verträglich. Das auf natürliche Weise gebundene dreiwertige Chrom kann, im Gegensatz zu anorganischen Chromsalzen, sehr gut vom Körper aufgenommen werden.

1. Wer sollte Spirulina platensis verzehren?

- Alle, die ihr Immunsystem stärken wollen
- Kinder, Jugendliche, Erwachsene und Senioren
- Hausfrauen, Vegetarier, Schwangere
- Geistig und körperlich Arbeitende
- Freizeit- und Hochleistungssportler
- Leichtathleten, Ausdauersportler und Kraftsportler

Zusammenfassung

Menschen, die aus unterschiedlichen Lebensumständen heraus wenig unentbehrliche Aminosäuren mit der Nahrung aufnehmen können oder einen höheren Bedarf haben, wie zum Beispiel Sportler, Vegetarier sowie alte und chronisch kranke Menschen, können diese zusätzlich mittels Spirulina platensis zuführen. Die enthaltenen Mineralstoffe und Vitamine bieten eine sinnvolle Ergänzung zur täglichen gesundheitsbewussten Ernährung an. Zusammenfassend lässt sich sagen, dass Spirulina platensis arm an Jod und bei einer schonenden, im Einklang mit der Natur betriebenen Anbaumethode, besonders schadstoffarm ist. Weiter sind ihre Inhaltsstoffe sehr leicht resorbierbar. Spirulina platensis ist ein naturbelassenes Nahrungsergänzungsmittel, welches die tägliche Ernährung sinnvoll aufwertet.

Darauf sollten **Sie** beim Kauf von Spirulina platensis Produkten achten:

- Anerkennung durch Naturland und BCS Öko-Garantie
- Kultivierung nur in klarem Quellwasser mit Trinkwasser-Qualität
- Wachstum in Einklang mit anderen Ökosystemen
- Ausschließlich mit pflanzlichen Nährstoffquellen kultiviert
- Der Anbau sollte nur in Reinkultur erfolgen, damit eine Vermischung mit anderen, für den menschlichen Verzehr nicht geeigneten Algen vermieden wird
- Wie auch bei Obst und Gemüse sind natürliche Produktionsmethoden, die den Bedürfnissen der Pflanzen entsprechen, dem konventionellen Anbau vorzuziehen
- Anbau frei von Herbiziden und Pestiziden
- 100 Prozent naturbelassene Spirulinapulver und –tabletten ohne jegliche Füll- oder Presshilfsstoffe

Verzehrsempfehlung:

Spirulina ist ein wertvoller Bestandteil einer gesunden Lebens- und Ernährungsweise. Empfohlen werden drei mal täglich zwei bis fünf Tabletten vor oder zwischen den Mahlzeiten zu lutschen oder mit reichlich Flüssigkeit zu schlucken. Aufgrund der Natürlichkeit und des Reichtums an Inhaltsstoffen ist der Verzehr auf Dauer zu empfehlen. Es treten bei vorgegebener Dosierung **keine** Nebenwirkungen auf! **Nebenwirkungen sind nicht bekannt.**

Literaturangaben

(1)   BCS-Standard zur ökologischen Produktion von Mikroalgen aus Aquakultur und aus Wildsammlung, BCS-Mikroalgenstandard, 2002
(2)   Biesalski et. al., Ernährungsmedizin, Georg Thieme Verlag, Stuttgart, 1999

(3)   DACH Referenzwerte für die Nährstoffzufuhr, 1. Auflage, Umschau Braus, 200
(4)   Spirulina – Production and Potential, Ripley D. Fox,   Edisud, La Calade, France, 1996
(5)   Earth Food Spirulina, Robert Henrikson 4. Auflage 1997
(6)   Ernährung und Medizin, Supplement 2, Vitaminversorgung in Deutschland – eine Übersicht, Hippokrates, S2/2003
(7)   Ernährungsbericht 2000, Deutsche Gesellschaft für Ernährung e. V., Frankfurt am Main, 2000
(8)   Amtsblatt der europäischen Gemeinschaften, Richtlinie 2002/46/EG des europäischen Parlaments und des Rates vom Juni 2002 zur Angleichung der Rechtsvorschriften der Mitgliedstaaten über Nahrungsergänzungsmittel
(9)   Deutsche Gesellschaft für Ernährung e. V. (DGE), Referenzwerte zur täglichen Nährstoffzufuhr, 2000
(10) Ernährungsheilkunde, Immunkorrigierender Einfluss von Zink-Spirulina bei Kindern und Erwachsenen mit Haarausfall (Alopezie), Sonderdruck, Band 49, Heft 10, Oktober 2000
(11) Erfahrungsheilkunde, acta medica empirica, Immunkorrigierender Einfluss von Spirulina platensis als täglicher Nahrungszusatz und bei Umweltbelastungen, 10/1997, S. 603 – 616
(12) Naturheilpraxis mit Naturmedizin, Ausleitung von Schwermetallen mit der Mikroalge Spirulina platensis, Sonderdruck aus 5/2000 Seite 812 – 818
(13) Naturland Richtlinien

Autor: Sven-David Müller, M.Sc, Master of Science in Applied Nutritional Medicine (Angewandte Ernährungsmedizin), staatlich anerkannter Diätassistent und Diabetesberater der Deutschen Diabetes Gesellschaft (DDG), Haddamshäuser Weg 4a, 35096 Weimar an der Lahn, 1. Vorsitzender des Deutschen Kompetenzzentrum Gesundheitsförderung und Diätetik e.V., www.svendavidmueller.de, diaetmueller@web.de, www.dkgd.de

Literatur: Beim Verfasser, Praxis der Diätetik und Ernährungsberatung, Haug Verlag, E. Lückerath und S.-D. Müller; Kalorien-Nährwert-Lexikon, Schlütersche Verlagsgesellschaft mbH, K. Raschke und S.-D. Müller